BEI GRIN MACHT SICH IHR WISSEN BEZAHLT

- Wir veröffentlichen Ihre Hausarbeit, Bachelor- und Masterarbeit

- Ihr eigenes eBook und Buch - weltweit in allen wichtigen Shops

- Verdienen Sie an jedem Verkauf

Jetzt bei www.GRIN.com hochladen und kostenlos publizieren

Jutta-Verena Schulze

Exemplarische Messungen des Stromverbrauchs im Privathaushalt

GRIN Verlag

Bibliografische Information der Deutschen Nationalbibliothek:

Die Deutsche Bibliothek verzeichnet diese Publikation in der Deutschen National-
bibliografie; detaillierte bibliografische Daten sind im Internet über http://dnb.d-
nb.de/ abrufbar.

Impressum:

Copyright © 2014 GRIN Verlag GmbH
Druck und Bindung: Books on Demand GmbH, Norderstedt Germany
ISBN: 978-3-656-74296-8

Dieses Buch bei GRIN:

http://www.grin.com/de/e-book/280128/exemplarische-messungen-des-stromver-
brauchs-im-privathaushalt

Exemplarische Messungen

des Stromverbrauchs

im Privathaushalt

Tabellenverzeichnis

Tabelle 1: *Messergebnisse und Kosten des Fernsehgeräts* 9

Tabelle 2: *Messergebnisse und Kosten des Laptops* 11

Tabelle 3: *Messergebnisse und Kosten des Handyladegerätes* 12

Tabelle 4: *Messergebnisse und Kosten des Herd-Backofen-Kombinationsgerätes* 13

Tabelle 5: *Messergebnisse und Kosten der Kühl-Gefrier-Kombination* 14

Tabelle 6: *Messergebnisse und Kosten des Wasserkochers* 15

Tabelle 7: *Messergebnisse und Kosten der Halogenstrahler* 16

Tabelle 8: *Messergebnisse und Kosten der Nachttischlampe* 17

Tabelle 9: *Messergebnisse und Kosten der Waschmaschine* 18

Tabelle 10: *Messergebnisse und Kosten des Föns* 19

Inhaltsverzeichnis

1. Einleitung 4

2. Theoretischer Hintergrund 5

3. Material und Methoden 7

4. Ergebnisse 9

   4.1 Unterhaltungselektronik 9

      4.1.1 Fernseher 9

      4.1.2 Laptop.. 11

      4.1.3 Handyladegerät... 12

   4.2 Küchengeräte.. 13

      4.2.1 Herd-Backofen-Kombinationsgerät 13

      4.2.2 Kühl-Gefrier-Kombination... 14

      4.2.3 Wasserkocher 15

   4.3 Beleuchtung.. 16

      4.3.1 Halogenspots 16

      4.3.2 Nachttischlampe 17

   4.4 Geräte für Kleidung und Körperpflege 18

      4.4.1 Waschmaschine... 18

      4.4.2 Fön... 19

5. Diskussion 22

6. Schlussfolgerung 23

   Literaturverzeichnis.. 25

1. Einleitung

Die Bandbreite an technischen Geräten für private Haushalte ist in den letzten Jahren enorm groß geworden. Kaum ein Haushalt hat heute keine gängigen Geräte wie Kühl-Gefrier-Kombinationen, Geschirrspülmaschinen und weitere Haushaltsmaschinen.

Durch die erhöhte Nachfrage der Verbraucher war die Industrie gefordert, immer praktischere und energiesparende Geräte zu entwickeln und zu produzieren. Inzwischen sind Geräte mit der Energieeffizienzklasse A+++ schon fast Standard.

Dennoch können auch im Umgang mit hoch entwickelten Geräten viele Fehler gemacht werden, die den eigentlich niedrigen Energieverbrauch deutlich erhöhen. Oftmals reichen schon kleine Maßnahmen, um elektrische Energie im Privathaushalt einzusparen.

Die vorliegende Arbeit hat sich mit der exemplarischen Messung des Stromverbrauchs verschiedener Haushaltsgeräte beschäftigt. Dazu wurden die Geräte jeweils auf ihren Stromverbrauch hin gemessen; die Werte wurden dann auf die Dauer eines Monats hochgerechnet. Dies geschah durch die Ermittlung der jeweiligen Laufzeiten. Mittels dieser Berechnung wurden dann die Kosten pro Gerät für einen Monat ermittelt.

Abschließend wurde bei jedem Gerät überlegt, wo die Effizienz verbessert und Strom eingespart werden kann.

Die Messungen wurden in einem Privathaushalt mit drei Personen durchgeführt. Dieser Haushalt befindet sich in einer Mietwohnung in einem Haus mit drei Parteien.

Die Berechnung der Stromkosten setzt sich aus folgenden Komponenten zusammen:
Arbeitspreis: 0,21 € je kWh
Strompreis: 0,02 € je kWh
Grundpreis: 9,- € pro Monat
Steuer: 19%
Es handelt sich hierbei um einen exemplarischen, realitätsnahen Tarif.

Diese Arbeit soll zeigen, wie informativ es sein kann, die Haushaltsgeräte auf ihren Stromverbrauch hin zu messen, um sogenannten „Stromfresser" zu entdecken und den Verbrauch und die damit verbundenen Kosten im Haushalt zu senken.

2. Theoretischer Hintergrund

Bereits seit mehreren Jahren steigt der Preis pro Kilowattstunde Strom regelmäßig stark an. Viele private Haushalte zahlen inzwischen deutlich mehr für Strom als dies noch vor ein paar Jahren der Fall war.

Verschärft wird dieses Problem künftig durch die Abschaltung konventioneller Atomkraftwerke und der Zuwendung hin zu erneuerbaren Energien. Diese wurden bisher kaum gefördert und genutzt, sollen aber in Zukunft den deutschen Strombedarf annähernd decken können. Forschung, Entwicklung und Bau der Netze sind allerdings sehr kostenintensiv. Diese Kosten werden unter anderem auf die Bevölkerung umgelegt.

Zeitgleich zu steigenden Strompreisen verbraucht die Bevölkerung auch jährlich größere Mengen an Strom.

„Im Teilbereich Strom verbrauchten die Haushalte im Jahr 2011 rund 139,7 Terawattstunden Strom. Das entsprach 26,6 Prozent (%) des gesamten Stromverbrauchs in Deutschland. Hierbei ist der Trend negativ zu bewerten: Der Stromverbrauch stieg von 1990 bis 2011 um 19,2 % an." (Umweltbundesamt, 2013).

„So ist beispielsweise der Stromverbrauch für Information und Kommunikation stark angestiegen und liegt inzwischen etwa doppelt so hoch wie der für Beleuchtung." (Umweltbundesamt, 2013)

„Die wachsende Zahl von 1-2-Personen-Haushalten erhöht tendenziell den gesamten Strombedarf der deutschen Haushalte. Alleinlebende Personen verbrauchen durchschnittlich 2050 Kilowattstunden Strom im Jahr. Dagegen liegt der Stromverbrauch pro Kopf in einem 2-Personen-Haushalt bereits um 16 Prozent niedriger, bei einem 4-Personenhaushalt ist der Pro-Kopf-Verbrauch um 42 Prozent niedriger." (BDEW, 2013, 7)

Betrachtet man nun die demographische Entwicklung ist festzustellen, dass die Haushalte mit 1-2 Personen künftig noch weiter zunehmen werden. Zeitgleich steigt die finanzielle Belastung durch den Bedarf an Strom noch weiter.

Aufgrund dieser Probleme ist es nötig, den Verbrauch an Strom zu senken. Oftmals geschieht dies schon, wenn alte Geräte durch neue, energiesparende Geräte ausgetauscht werden. Ein weiterer wichtiger Punkt ist das richtige Bedienen der Geräte. Ein Fernseher auf Standby, eine halbvolle Waschmaschine oder ein Kühlschrank, der zu lange offen gelassen wird, verbrauchen unnötig Strom.

Tipps zum Stromsparen bekommt man mittlerweile in großen Mengen. Viele Gerätehersteller, Energieversorger und selbst Bundesämter geben Verbrauchern Leitfäden an die Hand, wie sie ihre Geräte sinnvoll und energiesparend nutzen können.

3. Material und Methoden

Elektronische Geräte:

4.1 Unterhaltungselektronik:

4.4.1 LCD-Fernseher

4.4.2 Laptop

4.4.3 Handyladegerät

4.2 Küchengeräte:

4.2.1 Herd-Backofen-Kombinationsgerät

4.2.2 Kühl-Gefrier-Kombination

4.4.3 Wasserkocher

4.3 Beleuchtung:

4.3.1 Halogenspots

4.3.2 Nachttischlampe

4.4 Geräte für Kleidung und Körperpflege:

4.4.1 Waschmaschine Gorenje WA 7460 P

4.4.2 Fön

Strommessgerät:

- Stromkostenmessgerät (Anbringung zwischen Steckdose und zu messendem Gerät)

<u>**Durchführung der Messungen:**</u>

1.) Bei sämtlichen messbaren Geräten wird das Strommessgerät zwischen Steckdose und Endgerät gesteckt. Die Geräte werden in Betrieb genommen und der Stromverbrauch vom Messgerät abgelesen.

2.) Es werden für vier Wochen die Laufzeiten aller Geräte notiert. Damit wird anschließend der monatliche Stromverbrauch pro Gerät errechnet. Die Stromkosten lassen sich mittels des Kilowattstunden-Preises des Energieanbieters errechnen.

3.) Bei eingebauten Geräten und solchen, wo eine Messung nicht möglich ist, wird die Modellbezeichnung ermittelt. So können nun die vom Hersteller angegebenen Verbrauchsdaten ermittelt werden. Das Verfahren zur Feststellung des monatlichen Energieverbrauchs und der entstehenden Kosten ist identisch zu dem der messbaren Geräte.

4.) Es ist darauf zu achten, dass sich die Messbedingungen nicht gravierend ändern. Sollte dies der Fall sein (z.B. weil die Waschmaschine statt mit 7 Kilogramm Wäsche nur mit 5 Kilogramm beladen wird), müssen die Abweichungen angegeben und bei der Berechnung berücksichtigt werden.

4. Ergebnisse

Es folgen nun die Messergebnisse und die errechneten Stromkosten für diverse gängige Haushaltsgeräte. Die Geräte wurden der Übersichtlichkeit halber in verschiedenen Kategorien eingeteilt.

4.1 Unterhaltungselektronik

4.1.1 Fernseher

Bei dem gemessenen Gerät handelt es sich um einen 19-Zoll-LCD-Fernseher. Eine Bedienungsanleitung oder andere Unterlagen existieren nicht mehr. Dadurch ist auch das Anschaffungsjahr nicht mehr feststellbar.

Folgende Messwerte wurde für das Gerät ermittelt:

Tabelle 1: Messergebnisse und Kosten des Fernsehgeräts

Stromverbrauch Watt pro Stunde	48
Laufzeit in Stunden	43
Gesamtstromverbrauch in kWh	2,064
Arbeitspreis gesamt in Euro	0,43
Strompreis gesamt in Euro	0,04
Grundpreis pro Monat in Euro	9
Vorläufiger Preis in Euro	9,47
Steuerzuschlag in Euro	1,79
Gesamtkosten pro Monat	11,26

Aufgrund der Messergebnisse und der Hochrechnung der Kosten konnten für das Fernsehgerät im oben genannten Messzeitraum Kosten in Höhe von 11,26 € ermittelt werden. Wenn sich die Laufzeit nicht verändert, fallen im Jahr für dieses Gerät Stromkosten in Höhe von 135,12 € an.

Bei dem Gerät fallen nur Kosten an, wenn es aktiv betrieben wird. Es läuft generell nicht im Stand-by-Modus. Aufgrund der Tatsache, dass der Netzadapter des Öfteren heiß geworden ist, wird das Gerät nach der Benutzung konsequent vom Stromnetz getrennt.

„LCD-Fernseher stellen Bildinhalte durch Regulierung der Lichtdurchlässigkeit der Hintergrundbeleuchtung dar. Das bedeutet, dass die Hintergrundbeleuchtung permanent in der gleichen Stärke leuchtet. Dies der Grund, warum LCD-Fernseher einen relativ konstanten Stromverbrauch aufweisen. Bei den neuen LCD-TV-Geräten mit LED-Hintergrundbeleuchtung fällt der Energieverbrauch durch die LED-Leuchten geringer aus. Durch die Local-Dimming-Technologie kann der Stromverbrauch weiter reduziert werden. Betrachtet man den Stromverbrauch unabhängig von der Bildqualität, so kann man sagen, dass der Stromverbrauch eines LCD-TVs mit LED-Hintergrundbeleuchtung circa 30 Prozent geringer ist." (Schnick, 2010)

Aufgrund dieser technischen Details ist es eine Überlegung wert, das Fernsehgerät in naher Zukunft gegen ein energiesparendes Neugerät auszutauschen, um weniger Strom zu verbrauchen. Eine Nachrüstung ist bei dem gemessenen Gerät nicht möglich.

4.1.2 Laptop

Die folgenden Messergebnisse stammen von einem Laptop. Das Gerät hat ein 13,3 Zoll-
Display und wurde im Jahr 2012 gekauft. Aufgrund fehlender Unterlagen kann nicht
festgestellt werden, welchen Stromverbrauch der Hersteller für das Gerät angibt.
Folgende Messergebnisse wurden ermittelt:

Tabelle 2: Messergebnisse und Kosten des Laptops

Stromverbrauch Watt pro Stunde	26,5
Laufzeit in Stunden	527
Gesamtstromverbrauch in kWh	15,582
Arbeitspreis gesamt in Euro	3,27
Strompreis gesamt in Euro	0,32
Grundpreis pro Monat in Euro	9
Vorläufiger Preis in Euro	12,59
Steuerzuschlag in Euro	2,39
Gesamtkosten pro Monat	14,98

Das Gerät läuft annähernd 24 Stunden am Tag durch. Um den Akku zu schonen, ist es
generell an das stationäre Stromnetz angeschlossen. Dadurch versetzt es sich nicht selbsttätig
in den Standy-by-Modus. Da immer diverse Programme und das Internet geöffnet sind, läuft
es dauerhaft auf Volllast. Auf ein gesamtes Jahr hochgerechnet verursacht das Gerät Kosten
von 179,76 €, wenn sich die gemessenen Bedingungen nicht ändern.

Der Stromverbrauch des Gerätes ist immens und steigt mit der Menge der offenen
Programme. Um Strom zu sparen, sollte der Laptop bei Nichtbenutzung in den Ruhezustand
versetzt oder ausgeschaltet werden. Er muss nicht laufen, wenn ihn niemand nutzen möchte.

4.1.3 Handyladegerät

Im nächsten Schritt wurde der Stromverbrauch des Handyladegerätes gemessen. Das Anschaffungsjahr war 2013.

Folgende Messwerte wurden ermittelt:

Tabelle 3: Messergebnisse und Kosten des Handyladegeräts

Stromverbrauch Watt pro Stunde	6
Laufzeit in Stunden	56
Gesamtstromverbrauch in kWh	0,336
Arbeitspreis gesamt in Euro	0,07
Strompreis gesamt in Euro	0,006
Grundpreis pro Monat in Euro	9
Vorläufiger Preis in Euro	9,71
Steuerzuschlag in Euro	1,85
Gesamtkosten pro Monat	11,56

Es ist festzustellen, dass das Ladegerät jede Nacht verwendet wird, da das dazugehörige Handy einmal pro Tag aufgeladen werden muss.

Um Energie zu sparen könnten Funktionen des Handys, z.B. dauerhafte Internetverbindung, im Hintergrund geöffnete Programm etc., die die Akkulaufzeit deutlich verringern, bei Nichtgebrauch ausgeschaltet werden. Dadurch müsste der Akku des Handys in größeren Intervallen aufgeladen werden, was wiederum Strom sparen würde.

Das Einsparpotenzial des Ladegerätes an sich ist eher gering. Es verbraucht nicht viel Strom und schaltet sich automatisch ab, sobald der Akku des Handys geladen ist.

In diesem Fall erhöht die häufige Nutzung den Stromverbrauch.

4.2 Küchengeräte

4.2.1 Herd-Backofen-Kombinationsgerät

Es handelt sich hierbei um ein Gerät mit der Energieeffizienzklasse A.

Da das Gerät in einer Einbauküche verbaut ist und mittels herkömmlicher Strommessgeräte nicht messbar ist, wurden die Stromkosten aufgrund der Herstellerangaben berechnet.

Zu berücksichtigen ist, dass nur die Backofen-Funktion genutzt wurde. Da zu den Kochfeldern aufgrund fehlender, detaillierter Herstellerangaben keine Berechnungen möglich waren, liefert die folgende Aufstellung keine repräsentativen Daten. Der Backofen wurde sehr wenig genutzt, da die drei Personen des Haushalts zu sehr unterschiedlichen Zeit berufstätig sind und er deswegen kaum benötigt wird.

Folgende Werte wurden ermittelt:

Tabelle 4: Messergebnisse und Kosten des Herd-Backofen-Kombinationsgerätes

Stromverbrauch Watt pro Stunde	nicht messbar
Laufzeit in Stunden	3,58
Gesamtstromverbrauch in kWh	3,58 h x 0,79 kWh = 2,83 kWh
Arbeitspreis gesamt in Euro	0,59
Strompreis gesamt in Euro	0,06
Grundpreis pro Monat in Euro	9
Vorläufiger Preis in Euro	9,65
Steuerzuschlag in Euro	1,84
Gesamtkosten pro Monat	11,49

Die ermittelten Werte sind in diesem Fall nicht aussagekräftig und auch nicht vergleichbar. Es wurde nur eine Funktion des Gerätes für wenige Stunden genutzt; dies entspricht nicht der herkömmlichen Benutzung in diesem Haushalt. Um realistische Angaben zu erhalten, muss eine weitere Messung sämtlicher Funktionen nach der Reparatur des Gerätes erfolgen.

Auch eine Hochrechnung der Kosten auf das gesamte Jahr macht angesichts der Problematik beim Messen keinen Sinn und besäße keine Validität.

Anzumerken wäre lediglich, dass die Energieeffizienzklasse A recht niedrig ist. Mittlerweile gibt es Geräte mit deutlich besseren Klassen.

4.2.2 Kühl-Gefrier-Kombination

Das Gerät hat die Energieeffizienzklasse A++. Da es sich hierbei um ein Einbaugerät handelt, erfolgte die Berechnung anhand der Verbrauchsangaben des Herstellers.

Folgende Werte wurden ermittelt:

Tabelle 5: Messergebnisse und Kosten der Kühl-Gefrier-Kombination

Stromverbrauch Watt pro Stunde	nicht messbar
Laufzeit in Stunden	672
Gesamtstromverbrauch in kWh	0,481 kWh x 672 = 323,23 kWh
Arbeitspreis gesamt in Euro	67,88
Strompreis gesamt in Euro	6,47
Grundpreis pro Monat in Euro	9
Vorläufiger Preis in Euro	83,35
Steuerzuschlag in Euro	15,84
Gesamtkosten pro Monat	99,19

Dadurch, dass der Kühlschrank das gesamte Jahr über durchgehend läuft, ausgenommen Zeiten für das Abtauen, fällt auf, dass er viel Strom verbraucht und hohe Kosten verursacht. Umso wichtiger ist es, bei diesem Gerät schon beim Kauf auf eine gute Effizienzklasse zu achten. Ferner sollte man keine heißen oder sehr warmen Speisen in den Kühlschrank stellen oder die Tür zu lange offen lassen. Durch die Wärme, die in den Innenraum gelangt, muss das Gerät mehr Energie aufbringen, um die Lebensmittel zu kühlen.

Dieses Gerät hat die Energieeffizienzklasse A++. Inzwischen gibt es schon Geräte der Klasse A+++ (KüchenAtlas Portal Betriebs GmbH, o.J.). Diese Geräte verbrauchen noch weniger Strom und haben einen höheren Wirkungsgrad. Die Energieeffizienzklasse A++ ist in Ordnung für ein Neugerät.

4.2.3 Wasserkocher

Der Hersteller gibt einen Stromverbrauch von 2200 Watt an. Dieser Wert wurde auch bei der Messung erreicht. Es dauert knapp zwei Minuten, bis das Wasser kocht. Der Wasserkocher wurde im Messzeitraum siebenmal benutzt, woraus folgende Werte errechnet werden konnten:

Tabelle 6: Messergebnisse und Kosten des Wasserkochers

Stromverbrauch Watt pro Stunde	2200
Laufzeit in Stunden	4,29
Gesamtstromverbrauch in kWh	9,438
Arbeitspreis gesamt in Euro	1,98
Strompreis gesamt in Euro	0,189
Grundpreis pro Monat in Euro	9
Vorläufiger Preis in Euro	11,17
Steuerzuschlag in Euro	2,13
Gesamtkosten pro Monat	13,30

Erstaunlich ist, dass der Wasserkocher für ein Kleingerät sehr viel Strom verbraucht. Zum Vergleich: der Laptop, der wesentlich größer ist, verbraucht deutlich weniger Strom pro Stunde.

Einsparmöglichkeiten gibt es in diesem Bereich keine. Der Wasserkocher ist schon günstiger als das Kochen von Wasser auf dem Herd und schaltet automatisch ab, wenn das Wasser kocht. „Die meisten Geräte, die heutzutage angeboten werden, verfügen über eine Leistung von etwa 2.000 Watt." (Scharfe, o.J., 2014/2) Dementsprechend lohnt sich eine Neuanschaffung eines anderen Gerätes nicht.

4.3 Beleuchtung

4.3.1 Halogenspots

Die Berechnung der Stromkosten der Halogenspots erwies sich als sehr schwierig. Eine direkte Messung ist nicht möglich, da sie fest eingebaut sind. Problematisch ist zudem, dass es in der Test-Wohnung in jedem Raum sehe viele Spots gibt. Da die Haushaltsbewohner allerdings zu völlig unterschiedlichen Zeiten zu Hause sind und demnach auch nicht in regelmäßigen Abständen gewisse Lampen nutzen, kann nur ein grober Richtwert für einen Raum gegeben werden.

Es handelt sich dabei um einen kleinen Raum mit fest montierten Halogenspots. Die Leuchten verbrauchen laut Aufdruck 40 Watt pro Stunde. Folgende Werte wurden für diese fünf Strahler über den Messzeitraum von einem Monat ermittelt:

Tabelle 7: Messergebnisse und Kosten der Halogenstrahler

Stromverbrauch Watt pro Stunde	40 Wh x 5 Stück = 200 Wh
Laufzeit in Stunden	175
Gesamtstromverbrauch in kWh	35
Arbeitspreis gesamt in Euro	7,35
Strompreis gesamt in Euro	0,7
Grundpreis pro Monat in Euro	9
Vorläufiger Preis in Euro	17,05
Steuerzuschlag in Euro	3,24
Gesamtkosten pro Monat	20,29

Allein der Stromverbrauch dieser fünf Strahler ist immens hoch. Überträgt man hypothetisch die Laufzeit auf alle Spots der gesamten Wohnung (dies wären nochmal weitere 43), käme man auf einen Verbrauch von 336 kWh (die fünf gemessenen Spots mit eingerechnet). Dieser Stromverbrauch ist ‚nur für den Bereich Beleuchtung, deutlich zu hoch.

Es empfiehlt sich, das Licht nur anzumachen, wenn es wirklich gebraucht wird. Alternativ können die Halogenleuchten durch LED-Leuchten ersetzten werden.
Diese verbrauchen deutlich weniger Strom und haben eine längere Lebensdauer. (LED-TECH.DE optoelectronics GmbH, o.J.)

4.3.2 Nachttischlampe

Bei der gemessenen Lampen handelt es sich um eine kleine Standlampe. Sie ist noch mit einer 40 Watt-Glühbirne ausgestattet.

„Seit dem 01. September 2012 dürfen keine Glühlampen mit 25 und 40 Watt mehr in Verkehr gebracht werden, wie es im Amtsdeutsch heißt. Händler können ihre Lagerbestände zwar noch verkaufen, aber danach ist Schluss. Aus gutem Grund. Schließlich wandeln Glühbirnen nur fünf Prozent des Stroms in Licht um. Die restlichen 95 Prozent verpuffen ungenutzt als Wärme." (EnBW Energie Baden-Württemberg AG, o.J.)

Folgende Messwerte wurden ermittelt:

Tabelle 8: Messergebnisse und Kosten der Nachttischlampe

Stromverbrauch Watt pro Stunde	40
Laufzeit in Stunden	97
Gesamtstromverbrauch in kWh	3,88
Arbeitspreis gesamt in Euro	0,82
Strompreis gesamt in Euro	0,07
Grundpreis pro Monat in Euro	9
Vorläufiger Preis in Euro	9,89
Steuerzuschlag in Euro	1,88
Gesamtkosten pro Monat	11,77

Auch hier ist wieder erstaunlich, dass eine einzelne Glühbirne wesentlich mehr Strom verbraucht als beispielsweise ein Laptop. Um Strom sparen zu können, sollte die Glühbirne durch eine Energiesparleuchte oder eine LED-Leuchte ersetzt werden. Beide verbrauchen weniger Strom und haben einen besseren Wirkungsgrad.

(EnBW Energie Baden-Württemberg AG, o.J.)

4.4 Geräte für Kleidung und Körperpflege

4.4.1 Waschmaschine

Die Maschine hat die derzeit höchste Energieeffizienzklasse A+++ und verbraucht laut
Hersteller 0,86 kWh pro Waschgang. Dieser Wert musste zur Ermittlung der Kosten
herangezogen werden. Eine Messung war nicht möglich, da das Gerät in einer
Gemeinschaftswaschküche untergebracht ist.

Das Fassungsvermögen der Trommel liegt bei 7 kg und wird auch generell komplett
ausgeschöpft, um primär Wasser zu sparen.

Folgende Werte konnten ermittelt werden:

Tabelle 9: Messergebnisse und Kosten der Waschmaschine

Stromverbrauch Watt pro Stunde	nicht messbar
Laufzeit in Stunden	36,4 h
Gesamtstromverbrauch in kWh	31,30
Arbeitspreis gesamt in Euro	6,57
Strompreis gesamt in Euro	0,63
Grundpreis pro Monat in Euro	9
Vorläufiger Preis in Euro	16,20
Steuerzuschlag in Euro	3,08
Gesamtkosten pro Monat	19,28

Bei der Waschmaschine sind derzeit keine Einsparpotenziale erkennbar. Die maximal
mögliche Wäschemenge wird bei jedem Waschgang erreicht und die Energieeffizienzklasse
ist die zurzeit höchste am Markt.

4.4.2 Fön

Der Fön wird nur von einem Haushaltsmitglied einmal die Woche verwendet.

Daraus ergeben sich folgende Messwerte:

Tabelle 10: Messergebnisse und Kosten des Föns

Stromverbrauch Watt pro Stunde	1947
Laufzeit in Stunden	0,66
Gesamtstromverbrauch in kWh	1,285
Arbeitspreis gesamt in Euro	0,27
Strompreis gesamt in Euro	0,03
Grundpreis pro Monat in Euro	9
Vorläufiger Preis in Euro	9,30
Steuerzuschlag in Euro	1,77
Gesamtkosten pro Monat	11,07

Der Fön hat von allen Geräten mit den höchsten Stromverbrauch, verursacht allerdings nur sehr geringe Kosten, da er selten genutzt wird.

„Ein Fön kommt zwar nur wenige Minuten am Tag zum Einsatz, bringt es aber dennoch auf einen nennenswerten Stromverbrauch." (Scharfe, o.J., 2014/1)

Es lohnt sich jedoch nicht, auf ein anderes Modell umzusteigen, da die meisten Geräte in etwa denselben Stromverbrauch haben. „Die maximale Leistung des Geräts ist zumeist direkt auf dem Fön zu finden. Die meisten Modelle bringen es auf einen Wert von 1.000 bis maximal 2.000 Watt." (Scharfe, o.J., 2014/1)

Um Strom zu sparen sollte man den Fön verantwortungsvoll einsetzen, also ihn z.B. nicht zum Auftauen von Lebensmittel zweckentfremden.

Der hier gemessene Fön verfügt über drei Heizstufen und zwei Gebläsestufen, die getrennt voneinander eingestellt werden können. Um die Haare nicht zu überhitzen, gibt es eine Cool-Taste. Hält man diese gedrückt, wird die ausströmende Luft gekühlt. Als Besonderheit wird bei diesem Gerät die Ionen-Funktion angepriesen.

Laut dem Hersteller setzt man durch das Einschalten dieser Taste Millionen von Ionen frei, die während des Trocknens Feuchtigkeit aus der Luft binden und die Haare so besonders zum Glänzen bringen sollen. Der Stromverbrauch ist mit 2200 Watt angegeben. (Braun GmbH, o.J.) Der gemessene Stromverbrauch ist niedriger, da die Zusatzfunktionen des Föns nicht genutzt wurden.

Die Funktionsweise eines Föns ist denkbar einfach. „Ein Propeller im Inneren sorgt für eine starke Luftströmung, mit einem Wahlschalter können verschieden starke Luftströmungen eingestellt werden. Meistens gibt es einen zweiten Wahlschalter, mit dem die Temperatur der austretenden warmen Luft eingestellt werden kann." (Tillmann, o.J.)

„Ein Fön besteht aus zwei Hauptkomponenten (neben Gehäuse, Schaltern, Kabeln): Da ist einmal der Propeller, welcher auf der Achse eines kleinen Elektromotors steckt. Dieser Propeller dreht sehr schnell und sorgt für den Luftstrom. Mit seinen Schaufeln drückt er die Luft durch den Fön hindurch. Je schneller sich das Propellerrad dreht, desto mehr Luft durchströmt den Fön." (Tillmann, o.J.)

„Auf ihrem Weg nach außen durchströmt die Luft nach dem Propellerrad einen langgezogenen Bereich, in dem sich ein Draht befindet. Er ist auf einen Keramikkörper gewickelt. Diesen Draht auf dem Keramikkörper nennt man Heizwicklung." (Tillmann, o.J.)

„Durchfließt elektrischer Strom diesen Draht, so erwärmt er sich. Je höher die Stromstärke, desto höher die Temperatur. Ein solcher Draht kann bis zum Glühen oder gar zum Schmelzen gebracht werden." (Tillmann, o.J.)

„Die Luft vom Propellerrad strömt durch die Heizwicklung und erwärmt sich dabei. Die Heizwicklung ist im Aufbau recht langgezogen, damit die Luft möglichst viele Drahtwendeln durchströmt und sich dabei gut erwärmen kann. Dabei gilt: je schneller die Luft strömt, desto stärker wird die Heizwicklung abgekühlt. Oder anders ausgedrückt: je schneller die Strömung, desto mehr Wärme, die die Heizwicklung erzeugt hat, wird abtransportiert. Viele Föns besitzen auch noch eine "Cool"-Funktion, dies ist nichts anderes als ein Taster, mit dem kurzzeitig die Heizspule komplett abgeschaltet wird." (Tillmann, o.J.)

Die Technik des Föns hat sich die letzten Jahre auch bei neuen Geräten nicht grundlegend geändert. Allerdings verfügen immer mehr Geräte über mehrere Heißluftstufen, eine Kaltluftstufe und Zusatzfunktionen wie die Ionentechnik. Bei dem gemessenen Gerät konnte nachgewiesen werden, dass der Stromverbrauch ansteigt, je größer die Hitze sein soll, die das Gerät abgibt. Dies hängt damit zusammen, dass die Heizspule mehr Energie braucht, wenn sie stark heizen soll. Sämtliche andere Zusatzfunktionen haben den Stromverbrauch nicht wesentlich beeinflusst.

5. Diskussion

Zunächst muss festgestellt werden, dass die vorliegenden Messungen in einem nicht repräsentativen Privathaushalt durchgeführt wurden. Die Kombination der verschiedenen Geräte kann für eine nochmalige Messung durch einen Außenstehenden nur schwer wiederholt werden, da teilweise wichtige Informationen zu den einzelnen Geräten fehlen, z.B. das Anschaffungsjahr oder die genaue Modellbeschreibung.

Problematisch sind des Weiteren defekte Gerätefunktionen sowie nicht-messbare Verbraucher. Bei Geräten wie dem Kühlschrank und der Waschmaschine musste auf die Angaben des Herstellers zum Stromverbrauch zurückgegriffen werden, da der Kühlschrank fest in einer Küche eingebaut ist und sich die Waschmaschine in einem Gemeinschaftswaschraum befindet, aus welchem das Strommessgerät hätte geklaut werden können.

Ein weiterer wichtiger Faktor ist die geringe Anzahl der Geräte. Viele gängige Haushaltsgeräte wie eine Spülmaschine oder auch ein Staubsauger wurden hier nicht berücksichtigt. Ein Vergleich mit anderen Haushalten kann somit nicht gezogen werden.

Bei den eigentlichen Messungen ist aufgefallen, dass besonders die Kleingeräte wie ein Fön einen deutlich hohen Stromverbrauch haben. Mit annähernd 2000 Watt Verbrauch pro Stunde übertrifft er Großgeräte wie den Kühlschrank bei weitem. In der sinnvollen und durchdachten Nutzung solcher Kleingeräte liegt ein enormes Energiesparpotenzial.

Aussagen zum Stand-by-Verbrauch der Geräte können nicht getroffen werden. Alle Geräte, die nicht verwendet werden, werden entweder durch das Ziehen des Steckers vom Netz getrennt oder mittels einer Mehrfachsteckerleiste komplett ausgeschaltet. Einzig beim Laptop könnte auch in diesem Punkt noch Strom gespart werden, da dieser beinahe Tag und Nacht läuft, ohne im Großteil der Zeit genutzt zu werden.

6. Schlussfolgerung

Durch die durchgeführten Messungen wird deutlich, dass das Messen des Stromverbrauchs im Privathaushalt eine enorme Bedeutung hat. Nur so erfährt man die tatsächlichen Verbrauchswerte und damit zusammenhängenden Kosten seiner Geräte. Die Herstellerangaben liefern zwar einen ersten Anhaltspunkt, können aber durch das Benutzen der Geräte im alltäglichen Leben oftmals widerlegt werden.

Gerade in Zeiten, in denen die Stromversorgung für den Verbraucher immer teurer wird, ist es umso ratsamer, die Haushaltsgeräte zu messen und zu schauen, an welchen Stellen Einsparpotenziale vorhanden sind. Interessant ist dies auch besonders vor dem Hintergrund der Energiearmut, also der Tatsache, dass sich immer weniger Haushalte eine adäquate Versorgung mit Energie, worunter auch Strom zählt, leisten können. Diese Haushalte haben oftmals aufgrund niedriger Einkommen sehr alte Geräte, die viel Strom verbrauchen. Hier können Messungen dazu beitragen, diese Geräte sinnvoll zu nutzen, wenn die Neuanschaffung von sparsamen Geräten nicht möglich ist. Die Einsparpotenziale können in der Nutzungsdauer, aber auch in der Nutzungsintensität und der Art der Bedienung liegen. Bei Altgeräten lohnt sich inzwischen oftmals das Ersetzen durch Neugeräte, da diese teilweise im Neuanschaffungspreis günstiger sind als der Stromverbrauch der Altgeräte über das ganze Jahr. Ratsam ist es auch zu überprüfen, ob jedes Gerät ständig verfügbar, also auf Standy-By laufend, sein muss. Durch das Zwischenschalten einer Mehrfachsteckerleiste, die man je nach Bedarf an- und ausschalten kann, lässt sich der Stromverbrauch senken. Die elektrische Beleuchtung, vor allem in der dunklen Jahreszeit unerlässlich, bietet das größte Potenzial zur Reduzierung des Stromverbrauchs. Schon durch das einfache Austauschen alter Glühbirnen durch neue, moderne LED-Lampen sinkt der Verbrauch immens.

Die Reduzierung des Stromverbrauchs sollte allerdings nicht nur vor dem Hintergrund der Kosten interessant sein. Auch ökologische Gründe wiegen immer schwerer. Die fossilen Brennstoffe, die oftmals noch zur Erzeugen von Strom genutzt werden, werden immer teurer und knapper, die Förderung zerstört immer mehr Fläche der natürlichen Umwelt. Diese Tatsachen führen durch späte Umweltfolgen wieder zu immensen Kosten für die Allgemeinheit. Auch die Stromerzeugung durch Atomkraft, welche nach jüngsten Geschehnissen nun beendet werden soll, ist nur auf den ersten Blick günstig. Die Folgen für die Umwelt können auch hier enorm sein. Der Schritt hin zur Stromerzeugung durch erneuerbare Energien ist der erste in die richtige Richtung.

Allerdings sind derzeit weder die Technik komplett ausgereift noch die Stromnetze und Trassen dafür ausgelegt. Die Kosten, die die Entwicklung und der Ausbau kosten, fallen wiederum den Verbrauchern zur Last. Lediglich größere Unternehmen und gewisse Industriezweige bekommen weiterhin große Mengen an Strom zu vergünstigen Preisen, da sie vom Staat subventioniert werden.

Auf absehbare Zeit wird die Stromversorgung der Haushalte also definitiv immer teurer. Vor diesem Hintergrund sind Messungen des Stromverbrauchs im privaten Haushalt sehr wichtig und können helfen, den Verbrauch zu senken und Geld zu sparen. Es liegt an den Verbrauchern selbst, ihr Verhalten zu reflektieren und gegebenenfalls zu verändern.

Literaturverzeichnis

Braun GmbH (Hg.) (o.J.): Braun Satin Hair 7 - Haarfön für gesundes Trocknen. Online verfügbar unter http://www.braun.com/de/hair-care/satin-hair-dryers/satin-hair-7 dryer.html, zuletzt geprüft am 14.06.2014.

Bundesverband der Energie- und Wasserwirtschaft e.V. (Hg.) (2013): Stromverbrauch im Haushalt. Online verfügbar unter www.bdew.de/internet.nsf/id/6FE5E98B43647E00C1257C0F003314E5/$file/708 2_Beiblatt_zu%20BDEW-Charts%20Stromverbrauch%20im%20Haushalt_2013-10 23.pdf, zuletzt geprüft am 18.05.2014.

EnBW Energie Baden-Württemberg AG (Hg.): Keine Angst vor LED- und Energiesparlampen. Online verfügbar unter https://www.enbw.com/blog/kunden/2012/09/26/keine-angst-vor-led-und energiesparlampen/, zuletzt geprüft am 18.05.2014.

KüchenAtlas Portal Betriebs GmbH (Hg.): Allgemeine Infos zu Energieeffizienzklassen. Online verfügbar unter http://www.kuechen-atlas.de/kuechenplanung/grundlagen kuechenplanung/kuechengeraete/energieeffizienzklassen, zuletzt geprüft am 18.05.2014.

LED-TECH.DE optoelectronics GmbH (Hg.): Halogen vs. LED-Spots. Online verfügbar unter http://www.led-tech.de/de/led-spots-hinweis.html, zuletzt geprüft am 18.05.2014.

Scharfe, T. (Hg.) (2014/1): Fön & Haartrockner - Stromverbrauch. Online verfügbar unter http://www.stromverbrauch-haushalt.de/foen-berechnen.html, zuletzt geprüft am 18.05.2014.

Scharfe, T. (Hg.) (2014/2): Wasserkocher - Stromverbrauch. Online verfügbar unter
http://www.stromverbrauch-haushalt.de/wasserkocher-berechnen.html, zuletzt geprüft
am 18.05.2014.

Schnick, D. (Hg.) (2010): LCD - LED - Plasma. Stromverbrauch im Vergleich. Online
verfügbar unter http://www.hifi-regler.de/led-lcd/led-lcd-plasma
stromverbrauch.php?SID=83b719ce924c274f6c7b1945b95a6e4a, zuletzt geprüft am
18.05.2014.

Tillmann, A. (Hg.) (o.J.): Wie wird im Fön heiße Luft erzeugt? Online verfügbar unter
http://www.kids-and-science.de/wie
funktionierts/detailansicht/datum/2009/11/02/wie-wird-im-foen-heisse-luft
erzeugt.html, zuletzt geprüft am 14.06.2014.

Umweltbundesamt (Hg.) (2013): Energieverbrauch der Haushalte. Online verfügbar unter
http://www.umweltbundesamt.de/daten/private-haushalte
konsum/endenergieverbrauch-der-privaten-haushalte, zuletzt geprüft am 18.05.2014.